自建房安全必读

陈澄波　陈浩杨　编著

中国建筑工业出版社

图书在版编目（CIP）数据

　　自建房安全必读 / 陈澄波，陈浩杨编著 . — 北京：
中国建筑工业出版社，2024. 6.（2025.2重印）— ISBN 978-7-112
-29992-8

　　Ⅰ . TU241.5

　　中国国家版本馆 CIP 数据核字第 2024TV1168 号

责任编辑：王　　治
责任校对：赵　　力

自建房安全必读

陈澄波　陈浩杨　编著

＊

中国建筑工业出版社出版、发行（北京海淀三里河路9号）

各地新华书店、建筑书店经销

北京海视强森文化传媒有限公司制版

建工社（河北）印刷有限公司印刷

＊

开本：850 毫米 × 1168 毫米　横 1/32　印张：3¼　字数：71 千字

2024 年 8 月第一版　2025 年 2 月第二次印刷

定价：**19.00** 元

ISBN 978-7-112-29992-8

　　（42950）

前　言

　　全国每年因自建房坍塌和火灾事故导致数以千计的人失去生命，造成不可估量的经济损失。事故原因多是自建房业主、使用者、建造者以及参与监督管理相关人员缺乏房屋安全知识，安全责任意识淡薄所致。扼腕长叹，这些事故实在是可以预防的啊！

　　作者积数十年房屋设计、建造及运营管理经验，剖析了大量自建房坍塌和火灾事故案例，从自建房建造、改造、养护三个方面归纳总结出了引发事故的各种原因，创作了《自建房安全必读》绘本，试图通过漫画讲述对应知识点，以增强读者房屋知识，提高安全责任意识，从而避免类似悲剧重演。

　　绘本简单明了，直指自建房坍塌和火灾事故引发要害，可以作为自建房安全知识普及读本，也可以作为自建房排查整治宣传资料。绘本的案例和对应知识点由陈浩杨负责编写。创作过程中得到了黎锐文和魏俊等专家指导，对他们的帮助和支持，表示由衷感谢！

　　作者用绘本的方式普及房屋安全知识，深知尚有诸多不足之处，希望广大读者、同行批评指正。

目 录

1 用心建造篇

2 小心改造篇

3 细心养护篇

4. 自建房安全知识问答

1 用心建造篇

　　农村居民向集体经济组织申请一块宅基地，自行组织建造一栋房屋，是他们毕生心血。然而，自建房坍塌和火灾事故不绝于耳，造成大量的人员伤亡和巨大的财产损失，让人毛骨悚然。事实表明，有的祸根在房屋建造过程中就已经埋下。我们一定要用心组织建造队伍，加强建造全过程工程质量监督管理，保证房屋质量，防患于未然。

1.1　选择好房屋建造队伍和地址

　　组织一支具有专业资质和丰富经验的设计、施工和监理单位组成的建造队伍，严格执行国家和地方房屋建造强制性标准，才能够建造出结构合理、质量优良、实用美观的房屋。自建房建造时，必须先对周边地质环境进行考察，房屋应选择建在历史最高洪水位以上一定高度、稳定岩体或均匀密实硬土的平缓地上，确保地基坚实稳固。

1.1.1 建造队伍

建造队伍各守其职是自建房质量的根本保障。设计单位负责设计方案"实用、经济、美观";施工单位保证房屋"工程质量、施工安全";监理单位负责建造全过程"检查验收,合格竣工"。建造全过程接受政府专业行政主管部门依法依规监督管理。

1.1.2 建造地址

　　土地法规定，严禁在耕地上建造房屋；出于安全考虑，也绝对不能在水库、河道边及山地滑坡体上建造房屋。2010年8月7日，甘肃省甘南州舟曲县三眼峪、罗家峪等四条沟系特大山洪地质灾害。处于沟系下游的月圆村水毁房屋307户，其中，自建房235户，城镇职工及居民住房72户。造成1557人遇难，208人失踪。

1.2　确定一个经济合理的房屋结构方案

　　自建房应根据自身特点选择砖混、框架、剪力墙、木或钢等结构，再根据不同地基条件匹配独立、条形、筏板或桩等基础，确保房屋结构安全可靠。避免采用头重脚轻、体型瘦高、楼层上下墙柱错位、空斗墙承重及墙柱梁截面尺寸不足等不合理结构。

1.2.1 头重脚轻

　　自建房结构设计时，上部楼层结构过宽而底部承重结构偏窄，受力不均衡，房屋存在倾覆风险。2018年9月，湖南省永州市一自建房因结构设计不合理，又使用了劣质材料，导致房屋整体倒塌，事故造成3人死亡。

1.2.2 体型瘦高

　　房屋总高度与总宽度的最大比值不宜超过2.5，例如：房屋宽度4m时，则其建筑总高度不宜超过10m。否则，房屋存在坍塌风险。

1.2.3 上下层墙柱错位

房屋自身重量和活动荷载，通过梁板和墙柱结构系统将荷载传递到地基，确保房屋的稳定性。若上层的墙、柱与下层的墙、柱错位，上层墙柱荷载需要通过梁板传递给下层墙柱，梁板受垂直力和剪切力作用会因超载引起破坏，造成坍塌。

1.2.4 空斗墙承重

砖混结构房屋的墙都是承重墙，一般采用24实砌砖墙，若由空斗墙承重，因其整体性和抗震性较差，存在坍塌风险。

1.3 建造全过程做好检查验收

    自建房应该委托监理单位或有经验的技术人员对房屋建造全过程中的每道工序和每个环节进行检查验收，确保房屋建造质量。如果施工过程中出现材料以次充好、偷工减料、施工工序违规和施工质量不合格等行为，将直接影响房屋结构安全、外观和使用功能等，甚至造成房屋坍塌。

1.3.1 材料以次充好

  违规私自使用不合格的建筑材料建造房屋，必然造成工程质量不合格，房屋将存在坍塌风险。2020 年 4 月，四川省巴中市一自建房因房屋结构设计不合理，又使用了劣质材料，导致了房屋倒塌。事故造成 3 人死亡，1 人受伤。

1.3.2 偷工减料

　　房屋建造过程中，出现建筑材料暗中掺假或削减工序和用料等违法行为，将会造成结构工程质量不合格，房屋存在坍塌风险。2016年10月24日，山东省菏泽市单县一村民自建房，施工偷工减料，导致房屋坍塌，事故造成5死7伤。

1.3.3 施工工序违规

　　施工过程中，作业人员不按照施工验收规范要求，在上一道工序没有验收合格前，就进行下一道工序施工，给房屋留下安全隐患。

1.3.4 施工质量不合格

　　检查验收时，若梁板柱混凝土构件出现蜂窝麻面、强度不够、尺寸不足和上下错位等质量不合格情况，就必须返工整改，经复查验收合格后，方可进行下一道工序施工。

1.4 配电及布线要符合安全使用要求

　　根据自建房总的用电功率选择配电箱开关容量，安装合格的空气开关和漏电保护装置，避免过载；应敷设性能较好的铜线，电线选型合理，暗埋时必须穿阻燃 PVC 塑料管或金属管保护，防止发生安全事故。

1.4.1 过载火灾

　　自建房使用大功率电器，超过了配电功率，使电线发热烧坏绝缘层，从而产生电弧引着易燃物，导致过载火灾。2021 年 7 月 24 日，吉林省长春市一自建房婚纱摄影城影棚上部照明线路没有穿钢管保护直接敷设在可燃物上，由于线路故障引着周围可燃物导致火灾，事故造成 15 人死亡、25 人受伤。

1.4.2 短路火灾

　　电流不通过电器直接接通叫作短路。发生短路时，因电流过大往往引起电器或电源损坏，产生火花引着易燃物，导致火灾。2023年7月6日，云南省昭通市一自建房一楼家具零售店内，因敷设在西南立柱侧的入户电线发生短路后融熔喷溅掉落，引着周围摆放的家具等可燃物，蔓延扩大成火灾，事故造成6人死亡。

1.5　燃气设施和燃气具安装必须安全可靠

　　燃气设施均应明设，燃气管道敷设应符合国家规范标准，燃气具应设在室内通风良好的位置，最好安装燃气探测报警器和自动控制器等安全装置，避免燃气泄漏，引发火灾事故。

1.5.1 燃气管道敷设

燃气管道敷设与电源开关、插座、电线、电缆及电气设备等应按照规定保持安全距离，穿墙套管内的管道应做防腐处理且不应有机械接头，不能穿越密闭空间，不能私改乱接。2018 年 8 月，江西省吉安市一小区用户因私接燃气管道，造成燃气泄漏后发生爆炸，引发火灾，事故致 1 死 1 伤。

1.5.2 燃气具设置

　　燃气具均应安装在通风条件良好、有排气条件的厨房、卫生间和阳台等处，不能设置在卧室等休息场所。

2 小心改造篇

　　为了满足生产经营和提高生活品质需要，自建房常常要进行改造和装饰装修。我们一定要严格遵守国家及地方有关房屋改造和装饰装修的规范标准，小心谨慎对待工程中的每道工序和每个环节。切忌擅自加建楼层、破坏承重结构和开挖地下空间，切忌违规使用易燃可燃材料、不设置消防分隔或采用耐火等级不达标的防火门等，避免自建房坍塌和火灾事故发生。

2.1　严禁擅自违规加建楼层

　　加建楼层会增加房屋自重，给原有房屋承重结构系统增加额外荷载。若底层墙柱无法承受加载重量，就会导致承重结构变形或开裂破坏，造成房屋坍塌；若基础及地基承载力不够，房屋就会沉降、倾斜甚至倒塌。自建房加建大多数用于工商经营，如酒店、餐厅、出租屋、洗浴中心和放映厅等，因人员密集，一旦发生坍塌和火灾，极易造成群死群伤的恶性事故。

2.1.1 加盖楼层

在原有房屋顶上加层增高，加大了房屋自重，降低了房屋结构安全性能，房屋存在坍塌风险。2022年4月29日，湖南省长沙市一自建房，由原来5层违法违规加建至8层，而且原房屋2～5层承重墙均为空斗墙，最终导致房屋4秒时间内瞬间整体坍塌，事故造成54人死亡，9人受伤。

2.1.2 增加夹层

在原有房屋楼层中间加层，虽然不增加房屋总高度，但是加大了房屋自重，房屋同样存在坍塌风险。2020年3月7日，福建省泉州市欣佳酒店，违法将自建房由原来4层通过增加夹层改建成为7层，导致结构系统不堪重负，房屋突然整体坍塌，事故造成29人死亡，42人受伤。

2.2　严禁破坏房屋的承重结构构件

　　墙、柱、梁、板及基础等承重构件能承受荷载重量是经过设计计算的，擅自在这些构件上开孔，甚至拆除承重构件，会削弱或使其丧失承重能力，导致房屋坍塌。

2.2.1 拆除承重墙

承重墙主要用于承载房屋上部楼层的荷载，砖混结构房屋所有墙体都是承重墙，改造时，擅自拆除承重墙，极易造成房屋坍塌。2021 年 7 月 12 日，江苏省苏州市某酒店辅楼进行改造装修时，非专业施工人员擅自拆除了楼内承重墙，导致房屋整体坍塌，事故造成17 人死亡，5 人受伤。

2.2.2 墙梁板柱上开洞

墙、柱、梁、板和基础都是房屋主要的承重构件，通常都是钢筋混凝土复合材料，其钢筋数量和混凝土强度是经过设计计算确定的，在房屋改造装修过程中不能擅自在这些构件上开孔，致使构件钢筋被切断及混凝土受力断面减少，严重影响房屋结构安全。2023 年 4 月 27 日，江西省景德镇市一栋 4 层老旧自建房几经改造成为旅店，因结构严重受损，房屋整体突然倒塌，事故造成 2 人死亡。

2.3　严禁违规开挖地下空间

　　毗邻基坑开挖或在已经建成房屋下方挖掘地下室、地窖等，使房屋基础受损，导致地基基础不均匀沉降，房屋发生倾斜，竖向撕裂，严重时会引起整体坍塌。

2.3.1 毗邻基坑开挖

毗邻基坑开挖时，土壤会向基坑倾斜或移动，引起房屋的偏移；挖掘机械的振动，引起房屋振动或共振；地下水位发生变化，引起房屋沉降。这些，都可能造成房屋坍塌。2021年6月19日，湖南省郴州市汝城县一栋自建房因邻近基坑开挖导致地基变形下沉，筏板基础断裂房屋整体坍塌，造成5人死亡，7人受伤。

2.3.2 挖掘地下室或地窖

在已经建成的自建房下面挖掘地下室或地窖，会引起房屋基础悬空或桩基裸露受侧压破坏，导致地基基础不均匀沉降，房屋结构遭受破坏，造成坍塌。2015年1月24日凌晨，北京市德胜门内大街的一处民宅，因业主偷挖地下室破坏了房屋结构，造成房屋坍塌及市政路面塌陷事故。

2.4 严禁采用易燃可燃装饰装修材料

　　自建房装饰装修材料耐火等级应符合国家标准。生活、经营和仓储"三合一"的经营性自建房各功能区域应设防火分隔，防火分隔墙、防火门应达到相应耐火等级要求。否则，一旦起火，极易酿成恶性火灾事故。

2.4.1 防火材料

室内吊顶应采用非燃材料，墙面、地面和基层应采用非燃或难燃材料，对木材、地毯、布艺等易燃可燃装饰装修材料要进行阻燃处理，减少火灾风险。

2.4.2 防火分隔区

　　"三合一"自建房应根据房间用途和性质利用防火墙、门和卷帘等设施分隔防火区域，房屋一旦发生火灾时，可以有效地把火势控制在一定的范围内，减少火灾损失，同时可以为人员安全疏散、消防扑救提供有利条件。2017年11月18日，北京市大兴区一栋3层集生产、经营、仓储和住人等于一体的"多合一"建筑发生火灾。近2万m²建筑内集中了包括餐饮、商店、洗浴、广告制作、生产加工储存服装等诸多商户，305间出租房，整栋建筑没有设置防火分隔区，也没有防火分隔设施。火灾共造成19人死亡，8人受伤。

2.4.3 防火等级

　　房屋的防火等级通常是指建筑物在火灾发生时的耐火性能和结构稳定性，根据耐火等级的不同，可以将房屋分为四个耐火等级，一级最高，耐火能力最强，四级最低，耐火能力最弱。经营性自建房的防火等级应在二级以上，防火墙和防火门等也必须达到相应的耐火等级。

3 细心养护篇

　　自建房历经风霜雨雪，房屋各种结构构件会自然老化，承重能力逐渐降低，房屋就会由完好、小损、大损直到损坏。同时，在房屋使用过程中，用火、用电和用气存在诸多火灾隐患。我们一定要细心对房屋进行定期养护，发现隐患及时整改消除，自建房就能远离坍塌和火灾威胁。

3.1 要定期检查维护房屋结构构件

　　钢筋混凝土构件表面开裂和碳化剥落，钢筋生锈；钢结构锈蚀；砖墙风化；木结构受雨水浸泡腐朽等。随着结构构件老化，房屋结构的承载能力和稳定性就会下降。因此，我们要定期委托专业机构对自建房进行检查，有效地监督管控房屋的安全状况，及时对结构构件存在的缺陷进行修缮加固，保证房屋结构安全性和耐久性。

3.1.1 钢筋混凝土老化

空气中的二氧化碳渗入和潮湿环境下海砂中氯离子侵蚀，引起混凝土中钢筋慢慢的锈蚀膨胀，造成混凝土开裂脱落，使得钢筋混凝土结构构件承载能力下降。2017 年 2 月 2 日，浙江省温州市文成县 4 间 4 层半自建房因年久失修，发生坍塌事故，造成 7 人死亡，2 人受伤。

3.1.2 钢构件锈蚀

钢构件在使用过程中，受到大气中的氧气、水汽、二氧化碳、酸雨等影响，导致钢构件表面氧化和腐蚀，从而产生锈蚀，使得钢构件承载能力下降。

3.1.3 砖墙风化

砖墙风化是指在干湿变化、温度变化、冻融变化等物理因素作用下，砖块不能长期保持其原有性质而被破坏，使得墙体承载能力下降。

3.1.4 木结构腐朽

木材历经雨打日晒，受到温度、湿度变化和缺氧等因素影响，细菌、真菌、白蚁和其他微生物利用其中的有机物质作为食物侵蚀木材，导致梁柱椽等木材结构构件承载能力下降，甚至完全丧失承载能力。

3.2　沉降、开裂和倾斜危房检测鉴定

　　自建房结构构件老化、受损及基础不均匀沉降，会造成房屋整体倾斜、墙体撕裂和破坏坍塌。因此，当房屋出现沉降、开裂和倾斜等迹象时，就应立即委托有资质的专业机构进行检测鉴定，房屋按结构承载力划分的 A、B、C、D 四个不同鉴定等级，根据鉴定结果采取相应的加固、降级使用或拆除重建等措施。

3.2.1 沉降现象

　　在自建房附近大量堆积重物，进行大型开挖，施工机械振动，室内荷载分布不均衡或者超载等，会导致房屋基础不均匀沉降，出现基础悬空，房屋倾斜，地面、地沟、墙体开裂和排水管道脱开等现象。

3.2.2 整体倾斜

　　自建房基础不均匀沉降，造成房屋整体倾斜，但是房屋主体结构完整无损，经过专业机构检测鉴定，可以通过扶正加固，对房屋进行修复。

3.2.3 墙体撕裂

　　自建房结构构件受损和基础不均匀沉降，造成房屋倾斜，出现墙体撕裂，主体结构遭到破坏，房屋必须拆除重建。

　　2016年10月10日，浙江省温州市鹿城区4间自建房，因地基基础质量差，当时受持续降雨和周边桩基施工影响，房屋墙体发生撕裂，造成倒塌。现场共搜救出28人，死亡22人。

3.3　火灾教训，警钟长鸣

　　一次小小的用火疏忽，可能酿成灾难。尤其是经营性自建房火灾，因人员密集，伤亡人数之大，触目惊心，必须引以为戒。

3.3.1 乱丢烟头、燃烧蚊香

　　烟头、蚊香燃烧点最高温度可达 700℃ 以上，随意乱丢烟头、燃烧蚊香，极易引燃周围蚊帐、棉布、海绵、衣服和纸张等可燃物，酿成火灾。2021 年 6 月 25 日，河南省商丘市柘城县一自建房，使用蚊香不慎引着纸箱、衣物等可燃物发生火灾，造成 18 人死亡，11 人受伤。

3.3.2 取暖器上烘烤

　　利用仪器测到，通电运行3分钟后电热取暖器的温度可达到300℃以上，已经超过很多物品的燃点，极易引发火灾，取暖器应远离易燃物，并严禁覆盖。每年冬天，都会发生因取暖器使用不慎而引发的火灾事故。

3.3.3 人离燃烧灶台

使用燃气灶烧水炒菜做饭时，人长时间离开燃烧灶台或者忘关火源，油温升高，锅具烧干都会引发火灾。2022年4月11日，江西省宜春市一自建房业主在厨房煮饭时未关燃气灶就出去晾晒衣服，导致厨房着火，火势蔓延，房屋被烧精光。

3.4 安全用电，时刻牢记

　　要正确采购和使用电器，不私拉乱接电源，不入楼入户给电动车充电，委托专业人员安装与维修电器，避免过载和短路引发火灾。

自建房安全必读

3.4.1 电器采购和使用

应采购合格的电器，熟悉使用及维护保养。使用空调、微波炉、电热水器和电烤箱等大功率电器时，不能超过自建房配电功率，需要用有接地保护的三孔插座，并安装独立的空气开关。

3.4.2 电动自行车充电

锂电池是电动自行车的关键部件，如果操作不当，可能引起锂电池组自燃甚至爆炸。因此，严禁在疏散通道、楼梯间和安全出口等公共空间停放电动自行车或私拉乱接电源线为其充电。2017年12月13日和2023年12月28日，北京市朝阳区发生2起在自建房内私拉乱接电源线给电动自行车充电引发的火灾事故，分别造成5死9伤和4死5伤。

3.4.3 电器安装和维修

应委托具有专业技术资质的人员安装和维修电器。电器安装和维修涉及电路、管道等多个方面，如果操作不当，可能会出现漏电和短路，引发火灾事故。而专业技术人员能够保证电器安装和维修的安全性和可靠性，能够确保电器的正常使用并延长寿命。

3.5　燃气安全，刻不容缓

应该正确采购、使用并及时更新燃气具，妥善保存瓶装液化石油气，委托燃气公司安装与维修燃气设施设备，经常进行燃气泄漏检查，避免燃气泄漏火灾发生。

3.5.1 燃气具采购和使用

必须采购与所使用气源相匹配并合格的燃气具。燃气具生产企业应具有省级质量技术监督局发放的生产许可证，并能提供良好的售后服务。同时，应采购合格的连接和安装配件，如排气管等。家用燃气具使用年限为6～10年，使用年限从售出当日起算，超过使用年限的燃气具必须及时更新。连接管道与燃气具的胶管长度应为0.5~2m，使用超过18个月或有损坏，须立即更换。2012年7月27日，重庆市奉节县一居民因购买了不合格燃气灶，又用胶水粘接软管与硬塑料管，导致燃气泄漏爆炸，事故造成1人死亡，5人烧伤。

3.5.2 液化石油气

应通过正规渠道购买液化石油气。液化石油气钢瓶不得卧放、撞击、加热、暴晒或私自倾倒残液，不得在地下或半地下室使用液化石油气。2020 年 11 月 18 日，湖南省岳阳市一土菜馆，将超期未检，已经报废的液化石油气瓶放置在阳光下持续暴晒，导致气瓶底座与罐体开裂，液化石油气泄漏后遇厨房明火发生燃爆，事故造成 34 人受伤，直接经济损失约 760 万元。

3.5.3 燃气泄漏检查

　　燃气泄漏引发爆燃和爆炸是自建房常见火灾。要高度警惕燃气泄漏，常用"抹、听、闻、看"方法检查。一抹：用肥皂水依次涂抹在燃气管、表、胶管及开关等容易漏气处，观察是否起泡；二听：是否听到类似"嘶嘶"声音；三闻：是否闻到有类似臭鸡蛋的异味；四看：在不用气时，看到燃气表末位数字是否走动。对于察觉不到的微小泄漏，则需要用专业检测工具，千万不可用明火检查燃气泄漏。

3.5.4 燃气设施改造

应委托燃气公司进行燃气设施拆、装和移等改造。燃气公司拥有专业的技术人员和经验丰富的团队，熟悉燃气设施的设计、安装和维护，能够确保改造过程中的安全性和可靠性，避免违规操作导致燃气泄漏火灾甚至爆炸事故发生。2023 年 6 月 25 日，宁夏回族自治区银川市一烧烤店，夜间营业时一楼后厨违规擅自更换与液化石油气瓶相连接的减压阀，致使液化石油气快速泄漏发生爆炸，随后又引爆二楼天然气管道，炸毁了楼层之间的楼梯，大火迅速蔓延，事故造成 31 人死亡，7 人受伤。

3.6　消防措施，有备无患

　　自建房，特别是经营性的自建房，不能储存易燃易爆物品，不能堵塞逃生通道，应配置必要的消防设施设备及应急逃生自救工具，以防万一。

3.6.1 堆放柴草

　　自建房内堆放柴草就是火灾隐患。柴草应远离电源电线，切不可堆放在炉灶和大门旁，防止电火花、炉灶火星和乱扔的烟头等引起火灾。

3.6.2 仓储易燃易爆物品

自建房内禁止违规存放汽油、柴油、酒精、液化石油气和乙炔等易燃易爆物品。2019年9月29日，浙江省宁波市宁海县一自建房，在一楼灌装车间储存有各类香精、稀释剂、甲醇、酒精和煤油等易燃易爆物品，因工人操作不当引发火灾，事故造成19人死亡，3人受伤，直接经济损失约2380.4万元。

3.6.3 堵塞消防通道

消防通道是消防人员实施营救和被困人员疏散的生命通道，也是迅速扑救火灾、抢救人民群众生命财产及减少火灾损失的必要前提。不得在楼梯间、走道及起居室等地方大量堆放货物，消防通道必须时刻保持畅通。

3.6.4 焊死防盗栅栏

　　防盗栅栏必须设置逃生门，不得焊死。2020 年 5 月 16 日，贵州省黔南州惠水县一家小吃店发生火灾，因窗户安装了全封闭式防盗栅栏，堵死了逃生通道，一家 5 口全部被困在夹层北侧靠窗户的位置，导致 5 人死亡。

3.6.5 消防设施设备

经营性自建房必须配备基本的消防设施设备，在火灾发生前或发生初期能够及时发现并快速处置，可以有效遏制自建房火灾数量，减少人员伤亡和财产损失。例如：烟感报警器可以在火灾发生初期有烟雾时发出感应报警，激发简易喷淋快速响应，可以控制火势扩大；灭火器、灭火毯等在火情发生初期，也能有效控制火势蔓延，灭早灭小；应急照明和疏散指示标志能醒目指引人员迅速撤离逃生。

3.6.6 火灾逃生自救工具

　　自建房必备火灾逃生自救工具：灭火器，用于扑救初期火苗；消防斧，用于破拆，打开逃生通道；逃生绳，用于二楼以上受困时辅助逃生，最好配缓降器和厚手套；强光手电筒，用于火灾应急照明和紧急呼救；简易防烟面具，用于保护呼吸道免受浓烟和有毒气体侵害。

4 自建房安全知识问答

1）什么叫自建房？

2）自建房建设法规有哪些？

3）什么是自建房"六个不准"？

4）什么是国有土地上的自建房？

5）什么是宅基地上的自建房？

6）自建房有哪几种产权形式？

7）如何选择自建房建造地址？

8）如何组织自建房建造队伍？

9）房屋结构有哪几种？

10）房屋基础有哪几种？

11）什么是房屋承重墙？

12）什么是房屋主体结构？

13）如何做好施工管理？

14）如何进行竣工验收？

15）如何使用自建房？

16）哪些行为会削减房屋安全性能？

17）哪些原因会损坏房屋主体结构？

18）什么叫经营性自建房？

19）哪些是经营性自建房安全隐患？

20）什么是危房？

21）如何做危房鉴定？

22）房屋危险性鉴定划分几个等级？

23）哪些房屋结构需要做可靠性鉴定？

24）谁是自建房使用安全责任人？

25）什么是自建房安全责任？

26）如何治理危险房屋？

1）什么叫自建房？

　　自建房是指经当地城乡土地规划建设主管部门审批，依法拥有土地的单位和个人，为满足自己的生产生活需要，自行委托施工队伍或雇佣工匠组织建造的房屋和建筑。在我国城乡接合部，尤其是在乡镇，宅基地上自建房是农村居民解决生产生活需要的主要方式。

2）自建房建设法规有哪些？

　　自建房建设应遵守国家土地规划建设的法规主要包括：《中华人民共和国土地管理法》《中华人民共和国城乡规划法》《中华人民共和国土地管理法实施条例》《中华人民共和国建筑法》《乡村建设规划许可实施意见》等。

3）什么是自建房"六个不准"？

　　按照《中华人民共和国土地管理法》《中华人民共和国城乡规划法》等法律法规规定，自建房有"六个不准"：
　　（1）不准随意多层修建。新建或翻建房屋应申请并取得《乡村建设规划许可证》，可建设层数由各地规定，一般不允许建三层以上房屋。在农村建造或翻修超过三层以上的农房时，需要专业的施工团队建造，同时还需要向乡镇政府递交相关的申请，经过审批后才可以动工。（2）不准超面积标准建造。农村建房实行"一户一宅"原则，各地农房宅基地占地面积一般由地方土地管理法规作出规定。非法的"一户多宅"应按照《中华人民共和国土地管理法》的规定予以拆除，但若通过合法继承等方式获得的宅基地，是被允许的。（3）不准随意翻修农房。按照《中华人民共和国城乡规划法》的规定，在农村翻修旧房、危房时，必须要取得乡村建设规划许可证，需要向村委会递交申请，审批通过并获得乡村建设规划许可证后才可以动工。未取得乡村建设规划许可证翻修房屋，违反《中华人民共和国城乡规划法》的规定，面临被拆除的危险。（4）不准建在规划区域外。《中华人民共和国土地管理法》第六十二条规定，农村村民建住宅，应当符合乡（镇）土地利用总体规划、村庄规划，不得占用永久基本农田，并尽量使用原有的宅基地和村内空闲地。《中华人民共和国城乡规划法》第四十一条规定，在乡、村庄规划区内进行乡镇企业、乡村公共设施和公益事业建设以及农村村民住宅建设，不得占用农用地；确需占用农用地的，应当依照《中华人民共和国土地管理法》有关规定办理农用地转用审批手续后，由城市、县人民政府城乡规划主管部门核发乡村建设规划许可证。（5）不准擅自改变用途。宅基地设置的目的是保障农村村民居住需要，不允许在宅基地上建设规模化的工厂或建房出售。（6）不准未批先建。建房前，应申请批准使用宅基地，获得乡镇政府颁发的《农村宅基地批准书》，取得《乡村建设规划许可证》。涉及林业、水利等部门的，还应经过相关部门批准。

4）什么是国有土地上的自建房？

　　需要建设房屋的单位或个人可以通过向当地国土部门申请划拨、土地交易市场公开竞拍或他人土地转让等形式取得自建房建设用地，并办理好《建设用地规划许可证》和《国有土地使用证》。如果土地证所载用途和你需要的用途不相同,则可以到规划部门申请用地规划条件变更，取得《建设用地规划许可证》后，重新更改土地证。接下来，依次到规划和建设部门办好《建设工程规划许可证》和《建筑工程施工许可证》后，就可以开工建设了。工程竣工验收合格后，可以申领《房产证》。

5）什么是宅基地上的自建房？

　　年满十八周岁且符合分家条件、外来人口入户或自然灾害等原因没有宅基地的农村村民，可以向当地集体经济组织提出需要使用宅基地建房申请，建房必须符合土地利用总体规划和土地利用年度计划及村镇建设规划，必须"一户一宅"。根据当地规定，使用原有宅基地和村内空闲地的限额面积约为 180m^2，使用农用地的限额面积约为140m^2。当地集体经济组织或村委会张榜公示村民建房申请，公示期满无异议的，由乡（镇）审核后，报县（市）审批。经批准，城市、镇规划区取得《建设项目选址意见书》《建设用地规划许可证》和《建设工程规划许可证》"一书两证"；乡、村庄规划区取得《乡村建设规划许可证》，就可以开工建设了。住宅建成后，经国土资源部门现场核实，对符合批准面积和要求使用土地的建房户主核发《宅基地使用证》。

6）自建房有哪几种产权形式？

根据土地使用权性质不同，自建房有两种产权形式：一种自建房是在国有土地上建设，它们的土地使用性质一般为住宅用地、商业用地或商住两用地。房屋产权人拥有自己的土地使用证和房产证，和商品房一样，土地或房产可以合法过户或交易；另一种自建房是在农村集体所有土地上建设，也就是在宅基地上建设，其产权可以分为两个部分，一部分是对房屋本身的权利，房屋产权永久性属于个人，另一部分则是对建造房屋使用的土地所拥有的权利，则属集体所有，房屋主人只有占有权、使用权和有限制的处置权，没有拥有权。房屋主人仅有宅基地使用证，也可以凭宅基地使用证及规划许可证申请办理房屋所有权证，但没有土地使用证和房产证，宅基地自建房可以在集体内部成员之间转让，不能像商品房一样进行交易。

7）如何选择自建房建造地址？

　　自建房选址时，先对周边地质环境进行考察，应选择建设在稳定岩体、均匀密实硬土上；在历史洪水位以上一定高位的平缓台地；不能在山地容易产生滑动的滑坡体上建造。

8）如何组织自建房建造队伍？

　　建筑法规定，三层及以上城乡新建房屋，以及经营性自建房必须依法依规经过专业设计和专业施工，严格执行房屋质量安全强制性标准。自建房委托专业设计或采用经专业人员复核的通用图集有利于房屋的布局更加合理、结构更加安全、外形更加美观、水电气暖更好满足需要，还可以避免因设计缺陷造成房屋沉降、结构破坏、倾斜甚至倒塌及火灾等事故发生。三层以下的房屋则可以委托具有专业资质的施工队或有经验的建筑工匠进行施工。有专业资质施工队有能力进行自建房的设计，提供施工图，包括：建筑图、结构图、平面图和水电图等；能读懂并理解设计图或通用图集；拥有一定的施工机械设备和工具；有施工经验和熟练工法；能签订正规的施工合同，约定工期、材料、工程造价、质量、安全、保修期限和争议处理等，避免纠纷；有能保证工程质量和安全的技术措施，并接受政府相关部门的监督检查；工程完成后能进行竣工验收，并取得验收合格证书。

9）房屋结构有哪几种？

　　自建房常用的结构形式有砖混结构、框架结构、剪力墙结构、木结构和轻钢结构等。砖混结构是使用率最高的结构，以水泥砂浆砌筑，适合二、三层简单建筑形式自建房，抗震性比较差；框架结构用梁板柱做受力结构，适合三层至十层相对复杂建筑形式自建房，抗震能力比砖混结构略强，沿海地区的房屋最好选择框架结构，能较好地防风、抗震；剪力墙结构用钢筋混凝土梁板和墙柱做受力结构，适合高层住宅、房型非常复杂的多层洋房和别墅，抗震性比较好；木结构常见于南方，比如吊脚楼，冬暖夏凉；轻钢结构自重比较轻，工业化程度较高，施工速度快、成本低。

10）房屋基础有哪几种？

　　根据地基条件和房屋结构选择匹配不同的基础形式，如：独立基础、条形基础、筏板基础及桩基础等。不合理的基础会使房屋产生不均匀沉降，造成倾斜、结构破坏甚至倒塌。

11）什么是房屋承重墙？

　　承重墙是指承受着上部楼层重量的墙体，所承受重量是经过计算的，开孔、拆除承重墙会破坏整体建筑结构。而非承重墙则不需要承受上部楼层重量，只起到分隔房间的作用，拆除非承重墙对建筑结构无太大影响。一般来说，砖混结构的房屋所有墙体都是承重墙，框架结构的房屋所有的墙体都是非承重墙。房屋装修改造时，绝不能损坏承重墙。

12）什么是房屋主体结构？

自建房主体结构是指在地基及基础之上，由若干构件连接而成接受、承担和传递房屋所有上部荷载，维持上部结构整体性、稳定性和安全性的有机联系的结构系统，它和基础一起共同构成房屋完整的结构体系，是房屋安全使用的基础。砖混主体结构包括基础、梁、圈梁、柱、构造柱、砖墙、楼梯、楼板、屋面板；框架主体结构包括基础、梁、柱、混凝土墙、楼板、楼梯。主体结构是房屋主要承重及传力体，房屋装修改造时，不能受到任何破坏。

13）如何做好施工管理？

自建房产权人或其委托监理或专业人士根据施工合同、施工图纸和技术规范，从房屋施工准备到竣工验收，对地基、基础、主体结构、屋面、门窗、水暖电气配套设施和装饰装修等施工全过程进行监督控制管理。控制节点进度，确保按时竣工；控制材料价格，关系成本和支付；控制建筑材料质量，防止偷工减料，把关施工过程各个节点检查验收，确保房屋整体质量；控制施工机械、施工用电、脚手架等，确保施工安全。做好进度、成本、质量和安全控制，就能保质保量顺利完成房屋建设。

14）如何进行竣工验收？

　　由于自建房有两种不同产权形式，房屋竣工验收侧重点也有所不同。在国有土地上建设的自建房竣工验收，重点是建设程序完整性验收，施工队完成房屋施工合同、施工图纸的各项内容后，由房屋产权人组织设计、施工、监理等有关单位进行竣工验收。验收内容包括，完整的技术档案和施工管理资料；工程使用的主要建筑材料、建筑构配件和设备的进场试验报告；勘察、设计、施工、监理等单位分别签署的质量合格文件；施工单位签署的工程保修书等。房屋竣工经验收合格，方可交付使用。在宅基地上建设的自建房，施工队完成房屋施工合同、施工图纸的各项内容后，竣工验收分两步进行。第一步，乡镇政府核验。房屋产权人申请，乡镇政府组织相关部门进行实地核验，核查自建房是否按照审批面积、规划等要求使用宅基地，是否按照批准面积和设计图等要求建设，验收合格，发放自建房竣工验收合格证；第二步，房屋产权人组织设计、施工等有关专业人士根据签订的施工合同、施工图以及国家相关的规范标准对房屋质量进行检查验收，检查墙壁、房顶、门窗、阳台等是否有裂缝；水电是否通了；电线质量是否符合国家标准；厨房和卫生间是否渗漏水；排污管道是否堵塞；地面平整度、地砖砂浆饱满度是否合格等。发现问题，要求施工队及时进行整改，直到合格为止。

15）如何使用自建房？

自建房所有权人和使用人应当按照房屋规划设计用途合理使用房屋；定期对房屋进行检查、维修养护；房屋装修时，不得破坏其主体结构和影响毗邻房屋的使用安全；检查发现安全隐患时，立即委托检测机构对房屋进行安全鉴定，并及时治理房屋安全隐患；采取一切必要措施保障房屋安全。

16）哪些行为会削减房屋安全性能？

自建房产权人和使用人下列行为会削减房屋安全性能：（1）擅自改变房屋使用性质。在出租房屋内设置公共娱乐场所和库房，将厨房、卫生间、阳台和地下储藏室改造成人员居住场所。（2）未经原设计单位或者具有相应资质等级的设计单位出具变更设计方案，且未经施工图设计审查机构审查同意，擅自改动建筑主体和承重结构。（3）降低房屋地面地坪标高或开挖地下室。（4）擅自在原有房屋上加层或搭建建筑物、构筑物。（5）在承重墙上开挖壁柜、门窗洞口或者扩大房屋承重墙上原有的门窗洞口尺寸，拆除连接阳台的砖、混凝土墙体。（6）超过设计标准增大荷载。（7）在楼面、屋面结构层开凿洞口或者扩大洞口。（8）将没有防水要求的房间或者阳台改为卫生间、厨房。（9）拆除或者改变具有房屋抗震、防水整体功能的结构。（10）其他法律、法规禁止的危害房屋安全的行为。

17）哪些原因会损坏房屋主体结构？

下列原因会造成房屋主体结构损坏：（1）设计因素：设计标准过低，设计错误；（2）施工因素：未按图、规范和标准施工，未达到设计要求，偷工减料等；（3）材料因素：不合格的材料，以次充好；（4）地质因素：软土或不均匀土体等特种地基；（5）人为损害：破坏性装修，缺少维护保养，使用不当，周边环境有爆破、基础、地下室和道路等施工，车辆撞击等；（6）自然影响：风、霜、雨、雪、腐蚀，水灾、火灾、地震、台风等自然灾害。

18）什么叫经营性自建房？

经营性自建房是指自己建设用来出租或者工商经营的房屋。主要包括：酒店、旅馆、宾馆、民宿、出租屋等居住场所；农家乐、餐馆、饭店、小吃店、饮品店等餐饮场所；超市、批发店、五金店、家具店、液化石油气供应站、生产加工作坊、仓储物流等经营场所；民办幼托、幼儿园、教育培训等机构场所；KTV、棋牌室、影视放映等娱乐场所；医疗诊所、洗浴休闲、养老服务场所等。经营性自建房是公共场所，人员密集，一旦发生房屋倒塌或火灾，极易造成群死群伤的重特大安全事故。

19）哪些是经营性自建房安全隐患？

为了满足生产经营需要，自建房改变用途，违规进行加建、扩建及装修等改造，存在诸多安全隐患：（1）承重墙、柱结构受到破坏，楼面梁、板严重超荷载；（2）使用不符合防火标准的彩钢板等装修材料；（3）配电额度不足，电线敷设不规范，电器超负荷；（4）燃气管道敷设、液化石油气瓶组安装不规范；（5）生活、经营、仓储"三合一"，各功能区域不能使用防火墙、防火隔板、防火门等进行完整分隔；（6）安全疏散通道不畅、不足，防盗网不设逃生出口；（7）没有设置烟感报警器、简易喷淋和灭火器等消防设施设备。

20）什么是危房？

危险房屋，简称危房，是指结构已严重损坏，或承重构件已属危险构件，随时可能丧失稳定和承载能力，不能保证居住和使用安全的房屋。危房的异常现象主要有沉降、倾斜和裂缝三种。

21）如何做危房鉴定？

　　房屋一旦出现沉降、倾斜和裂缝等异常现象，房屋产权人或使用人应该立即委托具有国家认定资质的检测鉴定机构对房屋进行安全鉴定。申请房屋安全鉴定要提交以下资料：（1）房屋安全鉴定申请表，如系单位在申请表上盖公章，私房主提供身份证复印件；（2）房屋权属证书或其他证明文件；（3）房屋设计、施工、修缮、改造等技术档案资料；（4）房屋鉴定机构要求提供的其他资料。

22）房屋危险性鉴定划分几个等级？

　　国家对房屋危险性鉴定划分为 A、B、C、D 四个等级。A 级：结构承载力能满足正常使用要求，未发现危险点，房屋结构安全；B 级：结构承载力基本能满足正常使用要求，个别结构构件处于危险状态，但不影响主体结构，基本满足正常使用要求；C 级：部分承重结构承载力不能满足正常使用要求，局部出现险情，构成局部危房；D 级：承重结构承载力已不能满足正常使用要求，房屋整体出现险情，构成整幢危房。

23）哪些房屋结构需要做可靠性鉴定？

房屋结构可靠性鉴定情形：（1）自建房申报用作经营场所的，房屋所有权人应当委托有资质的鉴定机构按照经营项目要求进行可靠性鉴定；（2）自建房用作经营场所经营项目变更的，应当按照经营项目对经营场所的质量安全标准重新进行技术鉴定；（3）房屋达到或者超过合理使用年限继续使用；（4）房屋承重构件出现裂缝和变形；（5）房屋地基不均匀沉降，导致房屋倾斜或者承重结构受损；（6）因火灾、爆炸、垮塌等突发事件或者地震、洪水、大风等自然灾害造成房屋出现裂缝、变形和不均匀沉降等；（7）其他可能危及房屋质量安全的情形。

24）谁是自建房使用安全责任人？

房屋所有权人是自建房使用安全责任人，承担房屋使用安全责任。房屋所有权人与实际使用人、管理人不一致的，房屋所有权人不得以与实际使用人、管理人之间的约定为由拒绝承担房屋使用安全责任。因房屋产权不明晰或者房屋所有权人下落不明等原因造成房屋所有权人无法承担房屋使用安全责任的，房屋实际使用人、管理人应当先行履行房屋使用安全责任人的义务。

25）什么是自建房安全责任？

　　自建房使用安全责任人承担下列保证房屋的整体结构安全责任：（1）按照房屋规划设计用途合理使用房屋；（2）检查、维修养护房屋；（3）装修房屋不得危及被装修房屋和毗邻房屋的使用安全；（4）对存在安全隐患的房屋委托房屋安全鉴定，并及时治理房屋安全隐患；（5）采取其他必要措施保障房屋安全。

26）如何治理危险房屋？

　　房屋使用安全责任人是危险房屋治理责任人，应当按照要求对危险房屋实施治理并做好腾空房屋紧急避险准备，不得强行居住或使用危险房屋；要定期对房屋进行安全检查，建立房屋安全档案；发现房屋存在安全隐患的，应采取临时性加固、支撑或疏散人、物等安全措施。

27）如何合理配电？

　　合理配电是自建房安全用电的保障。第一，要根据家庭最大用电额度配电，若有大功率电器，如空调、烤火炉、电磁炉、电热水器等，用电总功率达到 5kW 以上的，选择 40 ～ 100A 电表和开关；第二，要将配电箱安装在安全的地方，配电箱下切勿堆放易燃、可燃物品，防止保险丝熔化后炽热的熔珠掉落将物品引燃；第三，选用合格保险丝，不可随意更换粗保险丝或用铜铁铝等金属丝代替；第四，至少预留一组动力开关和照明开关，以备临时应急用电；第五，安装合格的空气开关和漏电保护装置，当用电量超负荷或发生人员触电等事故时它可以及时动作并切断电流。

28）如何选用电线？

　　自建房应选择性能较好的铜线。一般情况下，照明用 1 ~ 1.5 平方的电线；插座可以用 2.5 ~ 4 平方的电线；1 ~ 1.5 匹空调挂机用 4 平方的电线，3 ~ 5 匹柜式空调使用 6 平方的电线，空调要单独走线，以免电线超负荷；厨房要用的电器会比较多，用 4 平方的电线，但若电器超过了 6kW，那就要用 6 平方的电线；卫生间也需要使用很多电器，用 4 平方的电线，但若卫生间要使用快速电热水器，那么得用 6 平方的电线；入户线可以用 10 ~ 16 平方的电线，建议用 16 平方的电线。各个区域所需要的电线的平方数需要根据其所使用的电器的数量和用电量等因素来进行综合考虑，留一定余地，以免发生电线短路，造成事故和损失。

29）如何敷设电线？

　　敷设电线关键是有效防止短路发生。电线采取明敷时，要防止绝缘层受损，应选用质量好的电线或采用穿阻燃 PVC 塑料管保护；对通过可燃装饰物表面时，要穿轻质阻燃套；有吊顶的房间，吊顶内的电线应采用金属管或阻燃 PVC 塑料管保护；在木质材料上布线时，必须使用瓷珠或瓷夹子；穿越木板时，必须使用瓷套管；对于需要穿过墙壁时，为了防止绝缘层破损，应将硬塑料管砌于墙内，两端出口伸出墙面约 1cm。电源线绝缘破损需要包裹时，须用绝缘胶布，不得用医用胶带、透明胶带或塑料布等其他物品代替。塑料绝缘导线严禁直接埋在墙内，应先使用绝缘纸将导线包裹，再选用护套线或 PVC 管进行保护方可埋墙。

30）如何配置插座？

　　插座配置的原则是数量足、功率够和位置好。一个房间应有两个以上插座，避免乱拉乱接；大功率用电设备应使用单独的电源插座，多个用电设备功率之和不应超过电源插座的额定功率；室内插座的安装高度不得低于 30cm，卫生间和户外的插座一定要带防水罩子，厨房插座安装应避开煤气灶和水盆。三孔插座接线应为左零右火上接地。

白建房安全必读

31）怎样接地线？

接地线是保护线，一端接大地另一端接在用电器的金属外壳上。如果用电器漏电了，电流会从地线直接流入大地，这样人就安全了。家用电器如电冰箱、空调、洗衣机、电热水器等，应使用有接地线的三孔插座。

32）怎样购置和使用电器？

电器购置和使用应该做到：（1）购置合格的电器，熟悉使用及维护保养要求；（2）找专业电工在断电状态进行安装和维修；（3）空调、微波炉、电热水器和烘烤箱等家用电器最好安装单独的空气开关，不要频繁开关机，使用完毕，切断电源；（4）切忌使用功率过高的用电设备，特种家用电器，宜在线路中增设稳压装置；（5）电扇、洗衣机、电冰箱等家用电器的电源插头，要用有接地保护线的三脚插头；（6）电炉子，取暖炉和电熨斗等发热电器不得直接搁在木板上，必须远离易燃物料，以免引起火灾；（7）使用家用电器时，应先插电源插销，后合开关；用毕，应先关掉开关，后拔插销；（8）电器通电后发现有冒火花、冒烟或烧焦味等异常情况时，应立即停止使用并切断电源进行检查维护。

33）什么叫电路过载？

电路过载是指电路中流过的电流超过了电路承载能力，即实际使用电器功率超出了限定功率，或者同时工作的用电器过多导致线路电流超过额定电流的现象。它可能导致电线过热、设备损坏、短路以及火灾等一系列严重后果。为防止电路过载，可以使用合适的电线、断路器和漏电保护器等设备，确保电路能够承受正常负荷，并在出现过载情况时及时切断电源，保护电路和设备的安全运行。

34）什么叫电源短路？

电源短路是指在电路中，电流不流经用电器，直接连接电源正负两极。根据欧姆定律 $I=U/R$ 知道，由于导线的电阻很小，电源短路时电路上的电流会非常大。这样大的电流，电池或者其他电源都不能承受，会造成电源损坏；更为严重的是，因为电流太大，会使导线的温度升高，严重时有可能造成火灾。

35）如何保护电路和电器？

现在家用电器很多，逢年过节全部运行，实际电流有时会高于额定电流，电器和电路极易被烧坏。只要在配电箱里装个空气开关和漏电保护器，当电流大于额定值时就会跳闸，不仅保护电路和电器，而且当电器或插座等发生漏电时，还会立刻断电保证人身安全。

36）哪些是家用大功率电器？

　　家用大功率电器通常是指功率不低于 1200W 的家用电器。如：空调、电热水器、电磁炉、微波炉、电暖气、电烤箱及洗衣机等。家用大功率电器使用时应根据家庭电路的承载能力进行选择，并注意安全使用。

37）如何防范电气火灾？

　　在容易发生电源短路的灯泡、开关、熔丝盒和电线附近，不要放置油类、棉花、木屑等易燃物品，以防发生电气火灾。如果发现有烧焦橡皮、塑料的气味，应立即拉闸停电，查明原因妥善处理后，才能合闸。万一发生火灾，要迅速拉闸救火。要定期检查家庭电器设备是否正常工作，出门或睡觉时，要检查不用的电器是否断电等。

38）怎样给电动车充电？

电动车应正规停放并进行充电。电动车严禁入楼入户，严禁停放在门厅、疏散通道、安全出口、楼梯间等共用空间并为其充电，严禁私拉乱接电线为其充电，严禁用物品覆盖充电器或放置于坐垫上或座桶内充电，严禁超长时间充电，以免充电器发热燃烧。

39）怎样安装燃气设施？

燃气管道和燃气表应室内明设。燃气管道与电线（缆）敷设的净距，明装时平行和交叉分别是 25cm 和 10cm，暗装或管内时平行和交叉分别是 5cm 和 1cm，与插座、电源开关平行间隔 15cm，不能交叉，不能受压，不能接零接地；燃气表应设置在便于安装、检查和读表处，与电气设备的净距应大于 20cm，在室外时，需专用表箱，表箱应坚固、耐久、阻燃、防雨水、有透明观察窗及醒目标志；燃气设施和燃气具均应安装在通风条件良好、有排气条件的厨房、卫生间和阳台等处，不能穿越密闭空间，不能设置在卧室等休息性场所；安装燃气灶的房间净高不宜低于 2.2m，安装燃气热水器的房间高度不小于 2.4m。

40）如何采购家用燃气具？

应选购有生产许可证并能提供良好售后服务企业生产的燃气具；燃气具须有合格证，与所使用的气源种类相匹配，应带有安全熄火保护装置；应选用强排式、平衡式燃气热水器，严禁选用直排式燃气热水器，并由专业人员负责安装；应购买合格的连接、安装配件，如排气管等。

41）如何连接燃气具与管道？

燃气具前端，用户管道应设置手动快速切断阀，宜设置具有过流、超压、欠压切断功能的装置；用户管道与燃具连接应采用防鼠咬功能的专用燃气具连接软管，软管的使用年限不应低于燃气具的使用年限。软管不应穿越墙体、门窗、顶棚和地面，长度不应大于 2m 且不应有接头。软管与管道、燃气具之间宜采用螺纹连接，当采用承插式连接时，应有防脱落措施。与灶具连接的软管位置应低于灶台面 30mm；敷设在套管内的管道应防腐合格且不应有机械接头，套管材料宜为钢质材料，套管与管道的间隙应采用柔性防腐防水材料填实。

42）如何使用燃气？

　　使用燃气时，要打开门窗和排气扇，保持空气流通；在使用管道气的厨房内，禁止使用液化石油气、煤炉、柴火灶等第二火源；常做燃气泄漏检查，一旦发现漏气，立即停止使用，确认隐患排除后，方可继续使用；燃气使用完毕，必须关闭灶具开关，关闭燃气阀门，关闭厨房门；连接灶具、热水器必须用合格的燃气专用管件，不能有接头，不得埋墙，安装紧固可靠，燃气胶管长度应为 0.5~2m，使用超过 18 个月或有损坏，须立即更换，最好使用金属波纹管；及时更新燃气具，严禁使用过期或报废的燃气设施和燃气具；爱护燃气管线及设施，防止燃气泄漏；委托专业队伍施工，不私自拆卸钢瓶减压阀和角阀，不私自拆、装、移、改燃气管线等燃气设施；通过正规渠道购买液化石油气，不得卧放、撞击、加热、暴晒液化气钢瓶，不得私自倾倒液化气钢瓶残液，不得在地下室或半地下室使用液化气。

43）燃气具使用年限是多少？

　　家用燃气具使用年限从售出当日起算。快速热水器、容积式热水器和采暖热水炉，使用人工煤气的使用年限为 6 年，使用液化石油气和天然气的使用年限为 8 年；燃气灶具的使用年限应为 8 年；其他燃气具的使用年限应为 10 年。生产企业标准不应低但可高于以上的规定年限。超过使用年限的燃气具应及时更新。

44）如何防止燃气泄漏？

　　燃气具有一定的压力，在输送和使用过程中极易发生泄漏。管道燃气泄漏环节有立管、水平管、阀门、燃气表、软管与燃气具等；瓶装燃气的泄漏环节有钢瓶、减压阀、软管、连接件与燃具等。在日常使用过程中，要维护好燃气设施，不能有在燃气管道上挂重物、当作接地或将其封闭等行为；使用燃气时，人不离灶，使用完毕，关闭燃气阀门；要经常检查燃气设施损坏、老化或报废等情况，及时维修更新。

45）什么是燃气安全装置？

　　燃气安全装置包括燃气探测报警器和自动控制器。燃气探测报警器是易燃易爆气体在使用过程中察觉泄漏的报警装置；燃气自动控制器是在接到泄漏控制信号时能自动关闭燃气阀门的装置。燃气探测报警器可以检测空气中以烷类及一氧化碳气体为主的多种可燃性气体的浓度，实时显示浓度值，当达到预先设定的报警值时，会发出报警声音和控制信号，提示操作人员采取安全对策或激发自动控制器关闭燃气阀门，避免因燃气泄漏引起中毒窒息、燃烧甚至爆炸等重大事故发生。

46）如何处置燃气泄漏？

一旦发现燃气泄漏：（1）关闭燃气总阀；（2）要迅速打开所有门窗，让燃气散发出去；（3）切勿开灯、拨打电话、按门铃、穿脱毛衣等行为，因瞬间高电压产生火花，会引起爆炸；（4）迅速撤离到安全地方；（5）在室外拨打求救电话。

47）如何应对燃气着火？

燃气着火初期，应立即采取措施：（1）迅速关闭入户总阀门，断气灭火；（2）当火势较大无法关闭阀门时，用干粉灭火器喷射火的根部，火灭后迅速关闭入户总阀门，并立即通知燃气公司；（3）液化气罐着火时，迅速用浸湿的被褥、衣服、防火毯等扑压，并立即关闭阀门；（4）当火势较大无法控制时，迅速拨打119火警电话。

48）什么叫耐火等级？

耐火等级是衡量建筑物耐火程度的分级标准，它决定了建筑在火灾中能够维持结构完整性和功能性的能力。耐火等级是根据建筑物中各类构件的燃烧性能和耐火极限来划分的，通常分为一级、二级、三级和四级，一级耐火等级是最高的，要求最严格，四级耐火等级是最低的，要求最宽松，一级耐火等级的建筑在火灾中可以保持结构完整性和功能性，四级耐火等级的建筑在火灾中则可能无法维持结构完整性。不同类型的建筑对耐火等级的要求不同，耐火等级的确定还受到建筑物的重要性、使用性质、火灾危险性、建筑的高度和面积、火灾荷载的大小等因素的影响。经营性自建房耐火等级应达到二级以上。

49）什么叫防火材料？

防火材料是指具有防止或阻滞火焰蔓延性能的材料，有不燃材料和难燃材料两类。不燃材料不会燃烧，难燃材料虽可燃烧，但具阻燃性，即难起火、难炭化，在火源移开后燃烧即可停止，故又称阻燃材料。在难燃材料中，除少数本身具有阻燃功能外，在多数场合，都是采用阻燃剂、防火浸渍剂或防火涂料等对易燃材料进行阻燃处理而制得的。从防火安全出发，在土木建筑中应尽量采用防火材料代替易燃材料，以减小火灾荷载和降低火灾蔓延速度。常用的防火材料包括防火板、防火门、耐火砖、无机保温材料、防火玻璃、防火涂料等。

50）什么叫消防通道？

消防通道是指消防人员实施营救和被困人员疏散的通道，包括楼梯口、过道和小区出口等地方。在紧急情况下，如火灾或其他险情，消防通道是消防人员快速进入现场进行救援的途径，也是被困人员安全疏散的"生命通道"。因此，消防通道绝对不能被占用和堵塞。

51）如何应对火情？

面对突发火情，切忌慌张，要沉着冷静地探实火势，马上采取相应措施。着火初期，火势一般较小，要积极扑灭；如果火势较大，已无法扑救，快速朝逆风方向逃离，在确定位置后迅速拨打 119 报警求救。

52）如何扑救初期火灾？

火灾初期，火势很小或只见烟雾不见火光，要迅速探明起火原因，采取相应方法将火扑灭。如果电气设备发生火灾，立即切断电源，然后用干粉或二氧化碳灭火器等进行扑救。用水和泡沫扑救时，一定要先切断电源，避免造成触电伤亡事故；如果天然气、人工煤气或液化石油气漏气起火，用灭火器迅速对准火点用力喷射，待火熄灭时立即用湿毛巾、抹布等猛力抽打后关紧阀门。液化石油气瓶角阀失灵时，可以将火焰扑灭后，先用湿毛巾、肥皂、黄泥等将漏气处堵住，把气瓶迅速搬到室外空旷处，让它泄掉余气或交专业部门处理。

建房安全必读

53）如何火灾逃生自救？

逃生自救基本方法：（1）火灾袭来时不要贪恋财物，迅速逃生；（2）熟识所在地环境，掌握逃生路线；（3）遇火灾，不可乘坐电梯，披上浸湿的衣物、被褥等向安全出口方向冲出；（4）穿过浓烟逃生时，尽量使身体贴近地面，并用湿毛巾捂住口鼻；（5）身上着火，不要奔跑，可就地打滚或用厚重衣物压火苗；（6）房门外着火，门发烫时，不能开门，以防大火窜入房间内，用浸湿的被褥、衣物等堵塞门缝，并泼水降温；（7）若逃生线路被大火封锁，立即退回房间内，用打手电筒、挥舞衣物、呼叫等方式向窗外发送求救信号，等待救援；（8）不要盲目跳楼，可利用疏散楼梯、阳台、落水管等逃生自救，也可利用绳子或把床单、被褥撕成条状连成绳索，紧拴在窗框、暖气管等固定物上，顺绳滑下，脱离危险。